Info-Tafeln aus dem DREIPUNKT-VERLAG

Alle Info-Tafeln haben das Format DIN A4. Sie sind wasserfest und unzerreißbar laminiert. Auf bestimmten Tafeln können Eintragungen mit einem Overhead-Stift (abwischbar) vorgenommen werden.

Ablegemanöver ISBN 978-3-86448-144-4
Ablegemanöver unter Segel incl. Beschreibungen und Abbildungen.

Anlagen auf See ISBN 978-3-86448-153-6
Offshore-Anlagen und Fischfangsysteme auf Hoher See.

Anlegemanöver ISBN 978-3-86448-143-7
Anlegemanöver unter Segel incl. Beschreibungen und Abbildungen.

Ausweichregeln ISBN 978-3-934705-22-7
Ausweichregeln nach den KVR zwischen Segel- und Motorfahrzeugen.

Ausweichregeln (Lichterführung) ISBN 978-3-86448-140-6
Ausweichregeln nach den KVR bei Nacht incl. Lichterführung.

Befeuerungskennungen ISBN 978-3-934705-27-2
Alle wichtigen Kennungen des Lateral- und Kardinalsystems.

Binnenschifffahrtsfunk ISBN 978-3-86448-148-2
Stationen, Frequenzen und Abkürzungen im Binnenschifffahrtsfunk.

Brandungsfahrten mit dem Seekajak ISBN 978-3-934705-73-9
Anleitungen, Taktik und Übungen für das Brandungspaddeln.

Checkliste Yachtausrüstung ISBN 978-3-934705-13-5
Ausrüstungs-Checkliste für Yachten in verschiedenen Revieren.

Erste Hilfe (1) ISBN 978-3-86448-141-3
Leitfaden zum richtigen Verhalten bei Not- und Unfällen an Bord.

Erste Hilfe (2) - MEDICO-Gespräch ISBN 978-3-86448-142-0
Umfangreiche Checkliste für das MEDICO-Gespräch.

Fitnessübungen auf Yachten ISBN 978-3-86448-154-3
Fitbleiben auch auf Langfahrten - Viele Übungen mit Abbildungen.

Flaggenführung ISBN 978-3-934705-85-2
Flaggenführung und Flaggengruß im In- und Ausland.

Gezeitenkunde ISBN 978-3-934705-39-5
Tiden, Strömungen, Stromdreieck und Vorhaltekurse berechnen.

Kanäle und Frequenzen ISBN 978-3-934705-54-8
UKW-, Grenz- und Kurzwellenkanäle; Inmarsat-Kennungen, SART, etc.

Kanuwandern an der Küste ISBN 978-3-934705-72-2
Fahrregeln, Ausweichsituationen und Signale beim Kanuwandern.

Knoten an Bord ISBN 978-3-934705-05-0
Die wichtigsten seemännischen Knoten an Bord in der Übersicht.

Kommandos an Bord ISBN 978-3-934705-27-2
Kommandos und Rückmeldungen für die wichtigsten Manöver an Bord.

Kursberechnungen ISBN 978-3-934705-76-0
Berechnung von Missweisung, rwK und mwK - zum Eintragen.

Lateral-, Kardinal- und Sonderzeichen ISBN 978-3-934705-01-2
Die wichtigsten Zeichen des Lateral- und Kardinalsystems.

Lichterfinder ISBN 978-3-86448-149-9
Bestimmen Sie schnell jede mögliche Lichterkombination auf See.

Maritime Alphabete ISBN 978-3-934705-21-0
Flaggen-, Morse- und Sprechfunkalphabete auf einen Blick.

Motormanöver ISBN 978-3-86448-145-1
Basis-Manöver unter Motor incl. Beschreibungen und Abbildungen.

Navigation 1 - Grundlagen ISBN 978-3-934705-07-4
Grundlagen der Navigation: Nordrichtungen, Kompasskurs, etc.

Navigation 2 - Kreuzpeilung ISBN 978-3-934705-04-3
Bestimmen Sie Ihre Position schnell und einfach mit der Kreuzpeilung.

Navigation 3 - Doppelpeilung ISBN 978-3-934705-06-7
Standortbestimmung mit nur einem bekannten, feststehenden Objekt.

Navigation 4 - Feuer in der Kimm ISBN 978-3-934705-38-8
Standortbestimmung mit der Methode 'Feuer in der Kimm'

Navigation 5 - Vierstrichpeilung ISBN 978-3-934705-09-8
Standortbestimmung anhand nur eines Peilobjekts.

Navigation 6 - Verd. der Seitenpeilung ISBN 978-3-934705-12-8
Standortbestimmung mit der Verdoppelung der Seitenpeilung.

Navigation 7 - Abgest. Doppelpeilung ISBN 978-3-934705-26-5
Standortbestimmung mit Hilfe der Abgestumpften Doppelpeilung.

Peilungen ISBN 978-3-934705-77-7
Berechnung von Missweisung, rwP und mwP - zum Eintragen.

Schallsignale und Lichterführung ISBN 978-3-934705-20-3
Erkennen Sie Fahrzeuge bei Nacht oder unsichtigem Wetter sofort!

Schall- und Lichtsignale (Binnen) ISBN 978-3-86448-147-5
Alle wichtigen Zeichen, Signale und Lichter im Binnenbereich.

Seekartenzeichen ISBN 978-3-934705-99-9
Über 500 Seekartenzeichen auf einer doppelseitigen Info-Tafel.

Seekrankheit ISBN 978-3-86448-155-0
Kinetose (Seekrankheit) effektiv vermeiden, erkennen und behandeln.

Seenotsignale ISBN 978-3-934705-28-9
Alle wichtigen Notsignale im Überblick: Korrektes Handeln im Notfall!

Sextant 1 - Grundlagen ISBN 978-3-934705-19-7
Grundlagen für den Umgang mit dem Sextanten.

Sextant 2 - Mittagsstandort ISBN 978-3-934705-03-6
Ermittlung des Mittagsstandorts mit dem Sextanten.

Sextant 3 - Höhendifferenzverfahren ISBN 978-3-934705-14-2
Ermitteln Sie den Schiffstandort mit Hilfe der Sonne.

Sextant 4 - Höhendifferenzverfahren ISBN 978-3-934705-23-4
Ermitteln Sie den Schiffstandort mit Hilfe des Mondes.

Sextant 5 - Astro … ISBN 978-3-934705-35-7
Bestimmung des S… …sterne.

Sextant 6 - Hilfs … …705-36-4
Hilfstafel zur Info-… …tuden, etc.

SRC / LRC: Deut … …705-24-1
Not-, Dringlichkeit… …Deutsch.

AF824861

SRC / LRC: Englische Funkmeldungen ISBN 978-3-934705-17-3
Not-, Dringlichkeits-, Sicherheits- und Routinemeldungen in Englisch.

Survival - Überleben auf See ISBN 978-3-934705-25-8
Überleben im Seenotfall mit und ohne Ausrüstung - Tipps und Tricks.

Umrechnungen ISBN 978-3-934705-53-1
Umrechnungstabellen für die wichtigsten maritimen Einheiten.

Wetterkunde - Wind, Wetter, Wolken ISBN 978-3-934705-00-5
Wettererscheinungen, Darstellungen in Wetterkarten, u.v.m.

Windsurfen (1) ISBN 978-3-934705-74-6
Board & Segel: Grundlagen, Auswahl, Transport und Aufbau

Info-Tafel-Sets

Tafel-Set Signale ISBN 978-3-934705-95-1
Vier wichtige Tafeln mit Schall- und Lichtsignalen auf dem Wasser.

Tafel-Set Sextant ISBN 978-3-934705-94-4
Alle 6 Sextant-Tafeln - der Einstieg in die astronomische Navigation.

Tafel-Set Notfall ISBN 978-3-934705-92-0
Vier wichtige Info-Tafeln, die die Sicherheit an Bord deutlich erhöhen.

Tafel-Set Navigation ISBN 978-3-934705-91-3
Alle 7 Navigations-Tafeln in einem praktischen Set.

Tafel-Set Sportboot führerscheinfrei ISBN 978-3-86448-150-5
2-teiliges Tafel-Set: Grundlagenwissen für führerscheinfreies Fahren.

Tafel-Set Ein- und Zweiflaggensignale ISBN 978-3-86448-152-9
2-teiliges Tafel-Set: Internationale Ein- und Zweiflaggensignale.

Neben unseren Info-Tafeln und Tafel-Sets führen wir eine Vielzahl verschiedener PC-Lernsoftware zur Vorbereitung auf alle gängigen Sportbootführerscheine und Funkbetriebszeugnisse. Darüber hinaus finden Sie in unserem Sortiment weitere Lernsoftware, die Sie zur Vorbereitung auf Prüfungen, den Törn oder zum Wiedereinstieg nutzen können.

Weitere Informationen zu unserer Lernsoftware und den Info-Tafeln erhalten Sie auf unserer Website unter

www.dreipunkt-verlag.de

Sie erhalten unsere Produkte im gut sortierten Buchhandel und direkt beim Verlag in unserem Online-Shop.

INFO-TAFEL

KANÄLE, FREQUENZEN & FUNKSYSTEME

VHF, MF, HF & Inmarsat

KOMMUNIKATION

VHF (UKW)

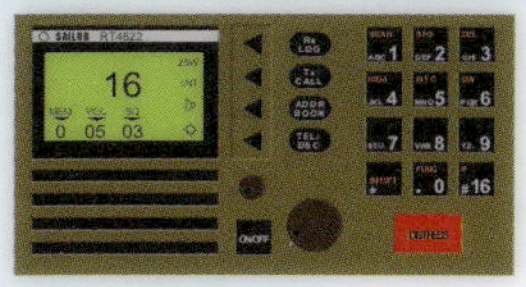

VHF (UKW)
Ultrakurzwelle
Frequenzbereich
156 bis **174 MHz**

SPRECHFUNK

Internationaler Not- und Anrufkanal im **Sprechfunk**-verfahren

Kanal 16 156,8 MHz

DSC

Internationaler Not- und Anrufkanal Digital Selective Calling (**DSC**)

Kanal 70 156,525 MHz

NAVTEX
Navigational Warnings by Telex

518 kHz
Aussendungen in englischer Sprache

490 kHz
Optional: Aussendungen in der jeweiligen Landessprache

4209,5 kHz
Kanal, der bei atmosphärischen Störungen genutzt wird

MF (GW)

MF (GW)
Grenzwelle
Frequenzbereich
1605 bis **3800 kHz**

SPRECHFUNK

2182,0 kHz für Abwicklung Notverkehr sowie für Dringlichkeitsanrufe und für Sicherheitsanrufe

DSC

Digital Selective Calling (**DSC**)

2187,5 kHz
Notalarmierung*

2177,0 kHz
Schiff-Schiff-Anruf**

2189,5 kHz
Anruf an fremde KüFuSt

* Hörwache auf ausrüstungspflichtigen Schiffen
** und Antwort der KüFuSt auf Routineanruf

NBDP

Narrow Band Direct Printing (**NBDP**)

2174,5 kHz

HINWEIS
Grenzwellensendungen haben eine Mindestreichweite von 150 sm. Die Ausbreitung erfolgt tagsüber über die Bodenwelle und nachts auch über die Raumwelle.

HF (KW)

HF (KW)
Kurzwelle
Frequenzbereich
3800 kHz bis **27,5 MHz**

4 MHz	
Sprache	4125,0 kHz
DSC	4207,5 kHz
NBDP	4177,5 kHz
6 MHz	
Sprache	6215,0 kHz
DSC	6312,0 kHz
NBDP	6268,0 kHz
8 MHz	
Sprache	8291,0 kHz
DSC	8414,5 kHz
NBDP	8376,5 kHz
12 MHz	
Sprache	12290,0 kHz
DSC	12577,0 kHz
NBDP	12520,0 kHz
16 MHz	
Sprache	16420,0 kHz
DSC	16804,5 kHz
NBDP	16695,0 kHz

Inmarsat

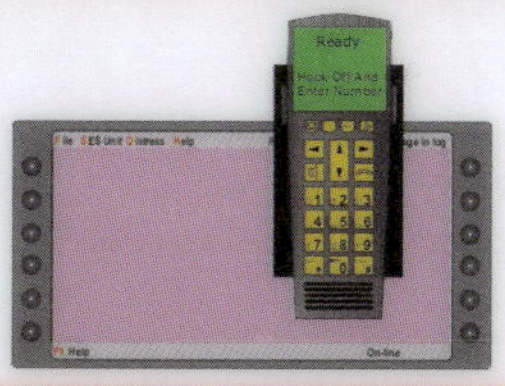

Inmarsat B
3
- Telefonie
- Telefax
- Datenübertragung

Inmarsat B - Rufnummern beginnen mit der Ziffer **3**

Inmarsat C
4
- Telex
- Telefax
- Datenübertragung

Inmarsat C - Rufnummern beginnen mit der Ziffer **4**

Verbindungsaufbau im Inmarsat-System

Aufbau der Verbindungsnummern im Inmarsat-System. Bsp.: Eine SES (Ship Earth Station) befindet sich im Indischen Ozean. Sie soll eine Telexnachricht erhalten. Die zu wählende Nummer besteht aus 3 Komponenten:

583 4 12345

Satellit IOR | Kennung Inmarsat C | Telexnummer der SES

SART

SART (Search and Rescue Radar Transponder)

9 GHz Band

Radartransponder werden im Notfall aktiviert und senden ein Ortungsfunksignal, wenn sie von einem Radarstrahl eines Schiffes getroffen werden.

Die Reichweite beträgt mehr als 5 sm.

Der Einsatz sollte erfolgen, wenn Retter in der Nähe vermutet werden.

EPIRB - COSPAS/SARSAT GEOSAR

EPIRB (Emergency Position Indicating Radio Beacon)

406 MHz
Über diese Frequenz findet durch eine Laufzeitmessung eine Positionsbestimmung im Alarmierungsfall statt.

121,5 MHz
Auf dieser Frequenz wird das Homingsignal für die Zielanfahrt oder den Zielanflug gesendet.

Alarmierungsdauer 15 Minuten bis 4 Stunden. Alarmierungen werden dem RCC und dem MRCC zugeleitet.

WICHTIG
Not kennt kein Gebot
Im Seenotfall kann jede Möglichkeit genutzt werden, um die Aufmerksamkeit von Rettern auf sich zu ziehen!

Satelliten des Inmarsat-Systems

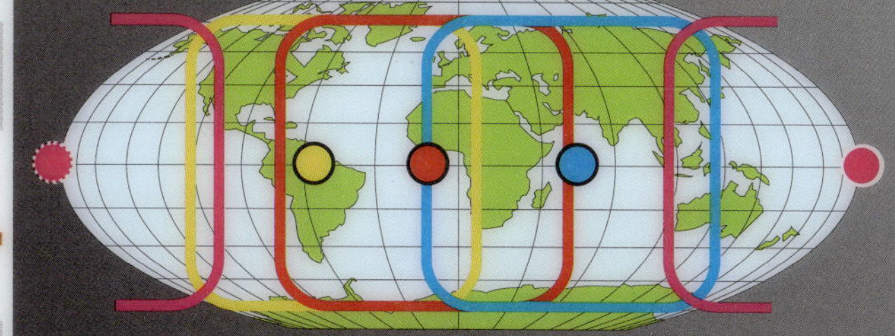

AOR-W	054°W
AOR-E	015,6°W
IOR	064,5°E
POR	178°E

Orbit
Alle Inmarsat-Satelliten befinden sich in einem geostationären Orbit über dem Äquator in einer Höhe von ca. 36.000 km

Kommunikationsdaten

AOR-W (Atlantic Ocean Region West)

Telefon	874
Telex	584
Daten	1114

AOR-E (Atlantic Ocean Region East)

Telefon	871
Telex	581
Daten	1111

IOR (Indian Ocean Region)

Telefon	873
Telex	583
Daten	1113

POR (Pacific Ocean Region)

Telefon	872
Telex	582
Daten	1112

Im Gegensatz zu den Inmarsat-Satelliten sind die Satelliten des COSPAS SARSAT-Systems polumlaufend. Sie decken dadurch auch die von Inmarsat ausgesparten Bereiche nördlich ca. 70 Grad Nord und südlich ca. 70 Grad Süd ab. COSPAS SARSAT ist ein reines Notalarmierungssystem und erlaubt keine Kommunikation.

DREIPUNKT®
EINFACH.LERNEN.

Schulze Media GmbH
Meeschestraße 2
D-31246 Ilsede
info@schulze-media.de

3. Auflage
ISBN 978-3-934705-54-8
DREIPUNKT-VERLAG
EUR 5,95
www.dreipunkt-verlag.de